土壤肥料学实验指导书

邹长明 李孝良 陈世勇 段立珍 赵建荣 / 主编

合肥工业大学出版社

实验室守则

1. 实验前要先预习，明确实验目的，了解实验内容、原理和操作过程。

2. 必须穿实验服进实验室，实验时必须认真观察和分析实验现象，认真做好记录，对实验的内容和安排不合理的地方可提出改进意见。对实验中出现的反常现象应进行讨论，并大胆提出自己的看法，做到主动地学习，积极地思考。

3. 保持实验室整齐、清洁和安静，不得高声谈话和打闹，并关闭手机。

4. 注意安全，实验室内严禁烟火，易燃易爆物品要远离火源。

5. 节约用水，安全用电，不浪费药品和其他易耗品，爱护所有仪器。凡损坏仪器者应如实向教师报告，并登记，补领。实验过程中废液、废物尤其是危险废物或高污染废液应倒入指定地方，不准随意乱倒。

6. 实验室内的一切物品，未经许可，严禁携带出室外，借物必须办理登记手续。

7. 实验完毕，要清洗仪器，将各种仪器药品放回原处，清洁实验台面和地板。离开实验室前，必须请值日生到实验台位检查后，方可离开。

目　　录

实验一　土壤样品的采集与处理

土壤样品的采集是土壤分析工作中的一个重要环节，是关系到分析结果和由此得出的结论是否正确的一个先决条件。由于土壤特别是农业土壤的差异很大，采样误差要比分析误差大若干倍，因此必须十分重视采集具有代表性的样品。此外，应根据分析目的和要求采用不同的采样方法和处理方法。

一、土壤样品的采集

（一）采样时间

土壤中有效养分的含量随季节的改变而有很大变化。分析土壤养分供应情况时，一般都在晚秋或早春采样。同一时间内采取的土样，其分析结果才能相互比较。

（二）采样方法

采样方法因分析目的和要求的不同而有所差别：

一是土壤剖面样品。研究土壤基本理化性质，必须按土壤发生层次采样。

二是土壤物理性质样品。如果是进行土壤物理性质测定，须采原状样品。

三是土壤盐分动态样品。研究盐分在剖面中的分布和变动时，不必按发生层次取样，而自地表起每 10cm 或 20cm 采集一个样品。

四是耕层土壤混合样品。为了评定土壤耕层肥力或研究植物生长期内土壤耕层中养分供求情况，采用这种方法。

1. 采样要求

在采样时，要求土样有代表性，因此需多点取样，充分混合，布点均匀，混合样品的取样数量应根据试验区的面积以及地力是否均匀而定，通常为 5～20 个点，采样深度只需耕作层土壤 0～20cm，最多采到犁底层的土壤，对作物根系较深的，可适当增加采样深度。

2. 采样方法

根据地形、样点数量和地力均匀程度布置采样点。面积不大，比较方正，可采用对角线取样法；面积较大，形状方正，肥力不匀的地块可采用棋盘式采样方法（方格取样法）；面积较大，形状长条或复杂，肥力不匀的地块多采用蛇形取样法（折线取样法），如图 1－1 所示。

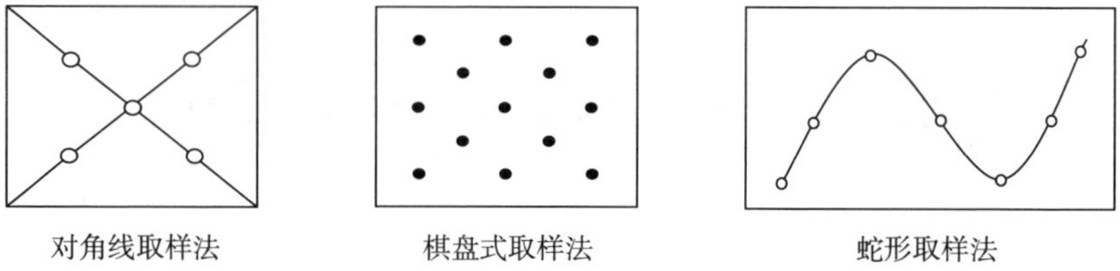

图 1－1　采样点分布

采集混合样品时，每一点采取的土样，深度要一致，上下土体要一致；采土时应除去地面落叶杂物。采样深度一般取耕作层土壤 20cm 左右，最多采到犁底层的土壤，对作物根系较深的土壤，可适当增加采样深度。

采土可用土钻或小土铲进行。用土钻时一定要垂直插入土内。如用小土铲取样，可用小土铲斜着向下切取一薄片的土壤样品（图 1－2），然后将土样集中起来混合均匀。量多时可用四分法弃去，取土样 1kg 装入布袋或塑料袋，袋内外各放一标签，上面用铅笔写明编号、采集地点、地形、土壤名称、时间、深度、作物、采集人等，采完后将坑或钻眼填平。

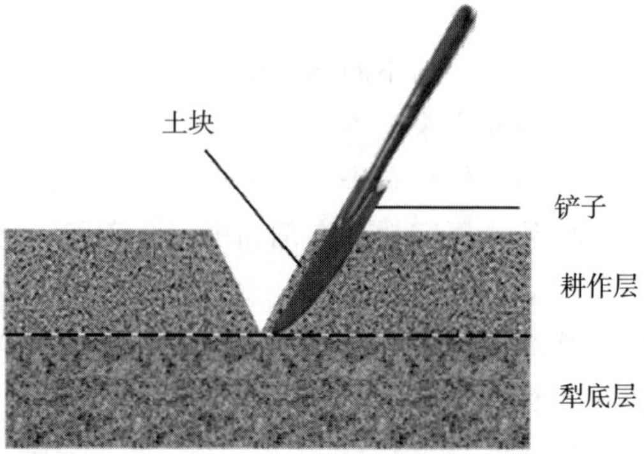

图 1－2　小土铲采样图

3. 采样数量

如果采来的土壤样品量太多，可用四分法将多余的土壤弃去，一般 1kg 左右的土样即够化学、物理分析之用。四分法的具体操作步骤是：如图 1－3 所示，将采集的土壤样品弄碎混合并铺成四方形，划分对角分成四等份，取其对角的两份，其余两份弃去，如果所得的样品仍然很多，可再用四分法处理，直到所需数量为止。

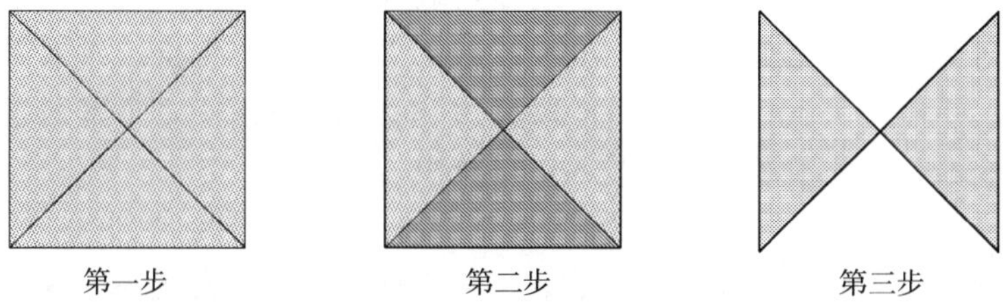

图 1-3　四分法取样

二、土壤样品的处理

样品处理的目的是：(1) 挑出植物残茬、石块、砖块等，以除去非土样的组成部分；(2) 适当磨细、充分混匀，使分析时所称取的少量样品具有较高的代表性，以减少称样误差；(3) 全量分析项目，样品需要磨得更细，以使分析样品的反应能够完全和一致；(4) 使样品可以长期保存，不致因微生物活动而霉变，引起性质和成分的改变。

土壤样品的处理包括风干、去杂、磨细、过筛、混匀、装瓶保存和登记操作。

(一) 风干和去杂

从田间采回的土样，应及时进行风干。其方法是将土壤样品弄成碎块平铺在干净的纸上，摊成薄薄的一层放在阴凉干燥处通风，在无特殊的气体（如氯气、氨气、二氧化硫等）、无灰尘污染、未堆放肥料和农药的室内风干，经常翻动，加速干燥。切忌阳光直接曝晒或烘烤。在土样半干时，须将大土块捏碎（尤其是黏性土壤），以免完全干后结成硬块，难以磨细。样品风干后，应拣出枯枝落叶、植物根、残茬等。若土壤中有铁锰结核、石灰结核或石子过多，应细心拣出称重，记下所占的百分数。

(二) 磨细和过筛

物理分析时，取风干土样 100～200g，放在木板或胶板上用胶塞或圆木棍碾碎，放在有盖底的 18 号筛（孔径 1mm）中，使之通过 1mm 的筛孔，留在筛上的土块再倒在木板上重新碾碎，如此反复多次，直到全部通过为止。不得抛弃或遗漏，但石砾切勿压碎。留在筛上的石砾称重后须保存，以备石砾称重计算之用。用时将过筛的土样称重，以计算石砾质量百分数，然后将土样充分混合均匀后盛于广口瓶中，作为土壤颗粒分析及其他物理性质测定之用。

化学分析时，取风干样品一份，仔细挑去石块、根茎及各种新生体和侵入体，再用圆木棍将土样碾碎，使全部通过 18 号筛（1mm），这种土样可供速效性养分及交换性能、pH 等项目的测定。测定土壤全氮、有机质等项目的样品，可用通过 1mm 筛孔的土样，用四分法或多点取样法取出样品约 50g，放入瓷研钵中进一步研磨，使其全部通过 60 号筛（孔径 0.25mm）为止。如果需要测定全磷、全钾，还需从 1mm 土样中同样取出约 20g，磨细并使之全部通过 100 号筛（孔径 0.15mm），分别混匀后，装入广口瓶中。

（三）保存和登记

样品装入广口瓶后，应贴上标签，记明土样号码、土类名称、采样地点、深度、日期、孔径、采集人等。瓶内的样品应保存在样品架上，尽量避免日光、高温、潮湿或酸碱气体等的影响，否则影响分析结果的准确性。

三、用具

土钻、小土铲、米尺、布袋（盐碱土需用油布袋）、标签、铅笔、土筛、广口瓶、天平、胶塞（或圆木棍）、木板（或胶板）等。

附注：

1. 根据土样处理结果，计算土壤石砾的百分率。

$$石砾含量=\frac{石砾重量}{土壤总重量}\times 100\%$$

2. 土筛号数即为每英寸长度内的孔（目）数，如 100 号（目）即为每一英寸长度内有 100 孔（目）。筛号与筛孔直径对照见表 1-1。

表 1-1 标准筛孔对照表

筛　号	筛孔直径（毫米）	筛　号	筛孔直径（毫米）
2.5	8.00	35	0.50
3	6.72	40	0.42
3.5	5.66	45	0.35
4	4.76	50	0.30
5	4.00	60	0.25
6	3.36	70	0.21
7	2.83	80	0.177
8	2.38	100	0.149
10	2.00	120	0.125
12	1.68	140	0.105

（续表）

筛　　号	筛孔直径（毫米）	筛　　号	筛孔直径（毫米）
14	1.41	170	0.088
16	1.18	200	0.074
18	1.00	230	0.062
20	0.84	270	0.053
25	0.71	325	0.044
30	0.59		

思考题

1. 土壤样品的采集与处理在分析工作中有何意义？

2. 处理土样时为什么＜1mm、＜0.25mm 和＜0.15mm 的细土必须反复研磨，使其全部过筛？

3. 处理通过 1mm 及 0.25mm 土筛的两种土样，能否将两种筛套在一起过筛，分别收集两种筛下的土样进行分析测定？为什么？

实验二　土壤含水量的测定

（烘干法与酒精燃烧法）

一、实验目的及意义

进行土壤含水量的测定有两个目的：一是了解田间土壤的实际含水情况，以便及时进行播种、灌排、保墒措施，以保证作物的正常生长；或联系作物长相长势及耕作栽培措施，总结丰产的水肥条件。二是风干土样水分的测定，是各项分析结果计算的基础。

土壤含水量的测定方法很多，如烘干法、酒精燃烧法和中子测量法等，其中烘干法是目前国际上土壤水分测定的标准方法，虽然需要采集土样，并且干燥时间较长但是因为它比较准确，且便于大批测定，故为常用的方法。

二、土壤自然含水量的测定

土壤自然含水量是指田间土壤中实际的含水量，它随时在变化之中，不是一个常数。土壤自然含水量测定的方法，主要有烘干法和酒精燃烧法。

（一）烘干法

1. 方法原理

将土壤样品放在105℃±2℃的烘箱中烘至恒重，求出土壤失水重量占烘干重量的百分数。在此温度下，包括吸湿水（土粒表面从空气中吸取活动力强的水汽分子而成的一种水分）在内的所有水分被赶出土壤，而一般土壤有机质不致分解。

2. 操作步骤

（1）将铝盒擦净，烘干冷却，在1/100天平（即感量为0.01g的天平）上称重（记为m_A），并记下铝盒号码。

（2）在田间取有代表性的土样（0～20cm）20g左右，迅速装入铝盒中，盖好盒盖，带回室内（注意铝盒不可倒置，以免样品撒落），在天平上称重（记为m_B），每个样品至少重复测3份。

（3）将打开盖子的铝盒（盖子放在铝盒旁侧或盖子平放在盒下），放入

105℃±2℃的恒温干燥箱中烘6～8小时。

（4）待烘箱（干燥箱）温度下降至50℃左右时，盖好盖子，置铝盒于干燥器中30分钟左右，冷却至室温称重，如无干燥器，亦可将盖好的铝盒放在搪瓷盘或木盘中，待至不烫手时迅速称重。

（5）然后，启开盒盖，再烘4小时，冷却后称重，一直到前后两次称重相差不超过1%时为止（记为m_C）。

3. 结果计算

$$土壤含水量=\frac{m_B-m_C}{m_C-m_A}\times100\%$$

式中：m_A——铝盒重（g）；

m_B——铝盒加湿土重（g）；

m_C——铝盒加烘干土重（g）。

4. 注意事项

（1）烘箱温度以105℃±2℃为宜，温度过高（如110℃以上），土壤有机质易碳化逸失，某些矿物中的结晶水也可能被赶出。在烘箱中，一般土壤烘干6小时即可烘至恒重，质地较轻的土壤烘的时间可较短，5～6小时即可。

（2）干燥器内的干燥剂（氯化钙或变色硅胶）要经常更换或处理。变色硅胶在干燥时呈蓝色，吸湿后呈红色。如呈红色后，须重新放在烘箱中烘到蓝色再放回干燥器使用。

（3）在计算时要以烘干土重为基数，因为：

① 只有以烘干土重为基数，才能得出土壤水变化的清晰概念。

例如：某一时期土壤含水量为20%（即烘干土重为100g，湿土重为120g，土壤水分重为120g－100g＝20g）。

在水分失一半后，则土壤含水量$=\frac{110-100}{100}\times100\%=10\%$，恰好一半。

如以湿土为基数，则先后得出：

$$\frac{120-100}{120}\times100\%=16.67\%$$

$$\frac{110-100}{110}\times100\%=9.09\%$$

得不出水分丢失一半的概念。

② 化学分析换算要以烘干土重为基数。

如计算土壤含NO_3-N多少，取的是湿土进行分析，如何将湿土重换算成烘干土重？

$$烘干土重=\frac{湿土重}{1+水分百分比}$$

③ 这样做能使不同土壤的分析结果相互比较。因各地的土壤湿度不同，但烘干土的质量是不变的。

（4）本法须进行三次平行测定，取其算术平均值，以一位小数（%）表示，其平行差值不得大于1%。

（5）本法测定本身的误差取决于所用天平的精确度和取样的代表性。所以，在田间取样时，需要注意取样点的代表性，在大范围内测定时需多点重复。

5. 仪器设备

铝盒、烘箱、干燥器、分析天平（1/100）、土钻、小刀。

（二）酒精燃烧法

1. 方法原理

本方法主要是利用酒精和水互相溶解和酒精在土中燃烧，使其中水分蒸发，由燃烧前后土样的减重算出土壤含水量。

酒精在土面上燃烧，在未达到燃点之前即将气化，使火焰与土面保持2～3cm的距离，此时土样温度在70℃～80℃之间。但是，在火焰将熄灭前的几秒钟，火焰与土面接触，使土温上升到180℃～200℃以后温度很快地下降到85℃～90℃，并缓慢地冷却。即使再度燃烧，土样最高温度也不会超过200℃～220℃，并且高温阶段的时间甚短，所以土样中的有机质及盐类损失甚微（有机质含量高于50g·kg^{-1}的样品不适用本方法）。据研究，本法较用烘干法测定土壤含水率的差值一般在0.5%～0.8%左右。

用酒精燃烧法测定土壤含水量，全过程只需20分钟，它是一种快速测定方法，很适合于田间进行。

2. 操作步骤

（1）将烘干冷却的铝盒用1/100分析天平称重（记为m_A）。

（2）用铝盒称土样10g左右，注意操作迅速，取样均匀，称重（记为m_B）。

（3）用滴管向铝盒滴加酒精，至盒中呈现自由液面时为止（约用7mL酒精）稍加振荡，使土样均匀分布于盒中。

（4）点燃酒精（注意勿使火柴屑掉入土样中），经数分钟后熄灭，待土样冷却后，再滴加酒精（2～3mL）进行第二次燃烧。一般情况下，样品经3～4次燃烧后，即可达恒重。然后称重（记为m_C），精确到0.01g。

3. 结果计算

$$土壤含水量=\frac{m_B-m_C}{m_C-m_A}\times100\%$$

式中：m_A——铝盒重（g）；

m_B——湿土加铝盒重（g）；

m_C——干土加铝盒重（g）。

4. 仪器与试剂

天平（感量 0.01g）、蒸发皿、酒精（纯度 96%以上）、火柴、滴管、量筒（10mL）。

二、土壤吸湿水的测定（烘干法）

（一）方法原理

与土壤自然含水量测定相同。

（二）操作步骤

1. 取洗净的有编号的铝盒，放在 105℃±2℃的烘箱中烘之恒重，带干燥干净的手套取出放入干燥器中冷却，在分析天平（感量 0.0001g）上称得其恒重（记为 m_A）。

2. 用铝盒称 5g 左右的风干土样均匀地平铺于盒中，准确称重（记为 m_B）。

3. 将铝盒放入 105℃±2℃的恒温烘箱中烘 6 小时左右，铝盒盖放在铝盒旁则或倾斜放在铝盒上。

4. 戴手套将铝盒取出，盖上盖子，置铝盒于干燥器中 20～30 分钟，使冷却至室温，称重。启开铝盒盖，再烘 2 小时，冷却，称至恒重（记为 m_C），前后两次称重之差不大于 3mg。

（三）结果计算

$$\text{土壤含水量}=\frac{m_B-m_C}{m_C-m_A}\times100\%$$

式中：m_A——铝盒重（g）；

m_B——风干土加铝盒重（g）；

m_C——烘干土加铝盒重（g）。

（四）样品吸湿水含量的应用

若分析某成分时称取的风干土样重量为 α g，已知该土样的吸湿水含量为 p%，则称样所相当的烘干土重 x g，可按下式算出：

因为
$$(1+p\%):l=\alpha:x$$

所以
$$x=\frac{\alpha}{1+p\%}\ (\text{g})$$

（五）仪器

分析天平（感量0.0001g）、角勺、铝盒、烘箱、手套、干燥器。

思考题

1. 在计算土壤含水量时，为什么要以烘干土重为基数？
2. 在烘干土样时，为什么温度不能超过110℃？

实验三　土壤酸碱度的测定

土壤酸度是土壤的重要性质，它对土壤肥力的影响很大。它不仅直接关系着土壤养分的存在状态和有效性，而且对土壤的生物化学过程、微生物活动以及植物本身等都有显著的作用。土壤的酸碱状况随自然条件和耕作措施的变化而发生变化，并且它可以作为改良和利用土壤的参考依据。

土壤酸度分为两大类：一类为活性酸度，用 pH 表示，它与很多项目的分析方法和分析结果有密切的关系，并作为审查其他项目结果的一个依据；另一类是潜性酸度，它又可分为交换性酸度和水解性酸度，它们对于酸性土壤的酸度评价和石灰施用量的计算有着非常重要的意义。

一、土壤 pH 值的测定

（一）电位法

1. *方法原理*

pH 计的原理是当一个指示电极与一个参比电极同时浸入同一溶液中，两电极间产生电位差，电位差的大小直接与溶液的 pH 值有关。在测定过程中，参比电极电位保持不变，而指示电极的电位则随溶液 pH 值而改变，这种指示电极电位的改变，可通过一定换算装置直接表示为 pH 值。常用的参比电极为甘汞电极，而指示电极有多种，常用的是玻璃电极。电位计测定法精确度较高，pH 值误差在 0.02 左右。

2. *主要仪器*

pH 酸度计（PHS－3D 型等）、pH 复合电极。

3. *试剂配制*

（1）pH4.01 标准缓冲液：称取经 105℃烘干的苯二甲酸氢钾（$KHC_8H_4O_4$）10.21g，用蒸馏水溶解后稀释至 1000mL。

（2）pH6.86 标准缓冲液：称取经 45℃烘干的磷酸二氢钾（KH_2PO_4）3.39g 和无水磷酸氢二钠（Na_2HPO_4）3.53g，溶解在蒸馏水中，定容至 1000mL。

（3）pH9.18 标准缓冲液：称取 3.80g 硼砂（$Na_2B_4O_7 \cdot 10H_2O$）溶于蒸馏

水中，定容至1000mL。此溶液的pH值容易变化，应注意保存。

4. 操作步骤

称取通过1mm筛孔的风干土样10g，放入50mL烧杯中，加入10mL（酸性土加入25mL）去CO_2的蒸馏水，搅拌1分钟，放置半小时，然后用pH计测定。

pH计有多种型号，其使用方法详见该仪器的使用说明书。现以PHS－3D型酸度计为例，用法如下：

（1）在电极插座处拔掉电极帽，接上复合电极。

（2）打开电源开关，仪器进入pH测量状态。预热5分钟。

（3）按“模式”键一次，使仪器进入溶液温度显示状态（此时温度单位℃指示灯闪亮）调节上、下键使温度显示值和溶液温度一致。然后按“确认”键，仪器确认溶液温度值后回到pH测量状态。

（4）用蒸馏水清洗复合电极，再用吸水纸小心擦干电极，插入pH6.86的标准缓冲液中，待读数稳定后按“模式”键二次，液晶显示器下方显示“定位”，调节上、下键至6.86，然后按“确认”键，仪器显示该温度下标准缓冲溶液的定位值，仪器自动并进入pH测量状态。

（5）用蒸馏水清洗复合电极，再用吸水纸小心擦干电极，插入pH9.18（碱性土壤）［或pH4.01（酸性土壤）］的标准缓冲液中，待读数稳定后按“模式”键三次，液晶显示器下方显示“斜率”，调节上、下键至9.18（或4.01），然后按“确认”，仪器显示该温度下标准缓冲溶液的斜率值，仪器自动并进入pH测量状态。

（6）用蒸馏水清洗电极后即可对被测溶液进行测量。

（7）将稳定的pH读数记录下来，并说明测定时的水土比例。

（8）测定完毕，立即用蒸馏水充分冲洗电极。以免沾污。pH计不用时，应将电源关闭，把复合电极帽套上（帽内应装有饱和的KCl溶液）。

5. 注意事项

（1）注意水土比的影响。一般土壤悬浊液越稀测得的pH值越高，此现象称为稀释效应。为了便于数据间相互比较，国际土壤学会曾规定以2.5∶1为准，在我国的例行分析中以1∶1、2.5∶1、5∶1较多，经试验，碱性土可用1∶1的水土比例测定，酸性土则可用1∶1或2.5∶1的水土比例进行测定。华北地区石灰性土壤采用5∶1较好。

（2）土壤样品不要磨得过细，以通过1mm孔径筛为宜。样品不立即测定时，最好贮于磨口瓶中，以免受大气中NH_3和其他挥发性气体的影响。

（3）复合电极表面不能沾有油污，忌用浓硫酸或铬酸洗液清洗复合电极表面。

(4) 如发现复合电极内 KCl 饱和溶液减少时，应从侧口加入，以保持溶液的饱和状态。

(5) 复合电极不用时，可插入饱和 KCl 溶液中，或前端用橡皮套套紧存放于纸盒中。

(6) 使用复合电极时，要将电极侧口的小橡皮塞拔下，让 KCl 溶液维持一定的流速。

(二) 混合指示剂比色法

1. 方法原理

利用每种指示剂在不同 pH 值的溶液中显示不同颜色的特性，用混合指示剂滴在土壤样品上，观察指示剂呈现的颜色，与具有标准 pH 值的色卡比较而确定其 pH 值。此法精度较差，只能测到 0.5pH 单位，多用于野外土壤的 pH 值测定。

2. 主要仪器

白瓷板、玛瑙研钵。

3. 试剂配制

pH4～11 混合指示剂的配制：称取 0.2g 甲基红、0.4g 溴百里酚蓝、0.8g 酚酞，在玛瑙研钵中混合研匀，溶于 400mL 95%酒精中，加蒸馏水 580mL，再加 0.1mol·L^{-1}氢氧化钠调至 pH7（草绿色），用酸度计或标准 pH 值溶液校正，最后定容至 1000mL。其变色范围如表 3-1 所示。

表 3-1　混合指示剂变色范围

pH	4.0	5.0	6.0	7.0	8.0	9.0	10.0	11.0
颜色	红	橙	黄（稍带绿）	草绿	绿	暗蓝	紫蓝	紫

4. 操作步骤

取黄豆粒大小的土壤样品，放于白瓷板凹槽中，滴加混合指示剂 3～5 滴，以能湿润土样并稍有余液为宜，用玻棒充分搅拌约半分钟，使指示剂与土壤充分作用，静置澄清后倾斜瓷板，与 pH 值色卡进行目视比色，确定 pH 值。

二、土壤潜性酸的测定

(一) 土壤交换性酸的测定 (1mol·L^{-1}KCl 交换-中和滴定法)

1. 方法原理

用 1mol·L^{-1}KCl 溶液淋洗酸性土壤时，土壤胶粒上吸附的酸基离子（交换 H^+ 和 Al^{3+}）被 K^+交换而进入溶液。

$$\boxed{\text{土壤胶体}}^{H^+}_{Al^{3+}} + 4KCl \longrightarrow \boxed{\text{土壤胶体}}^{2K^+}_{2K^+} + HCl + AlCl_3$$

$$AlCl_3 + H_2O \longrightarrow Al(OH)^{3+} + 3HCl$$

当用 NaOH 标准溶液直接滴定浸出液时，不但滴定了土壤原有的交换性 H^+，也滴定了交换性 Al^{3+} 水解产生的 H^+，所得结果为交换性 H^+ 及 Al^{3+} 的总和，称为交换性酸总量。

如欲了解其中代换性 H^+ 和 Al^{3+} 各占多少，则可加 NaF 使 Al^{3+} 形成 $[AlF_6]^{3+}$ 络合离子而由溶液中沉淀出来，然后再用 NaOH 标准溶液滴定，其反应如下：

$$AlCl_3 + 6NaF \longrightarrow Na_3AlF_6 \downarrow + 3NaCl$$

即得交换性 H^+ 量。前后两次测定之差为交换性 Al^{3+} 量。

2. 试剂配制

（1）$10g \cdot L^{-1}$ 酚酞指示剂　称取 1g 酚酞溶解于 100mL 酒精溶液中。

（2）$1mol \cdot L^{-1}$ KCl 溶液　称取 74.55g KCl（化学纯）溶于水中，稀释至 1L，此溶液的 pH 为 5.5～6.0，如不在此范围内，可用稀 KOH 或稀 HCl 调节。

（3）3.5%NaF 溶液　称取 3.5g NaF（化学纯）溶于 80mL 无 CO_2 水中，以酚酞为指示剂，用稀 NaOH 或稀 HCl 调节到微红色（pH8.3），最后稀释至 100mL，贮存于塑料瓶中。

3. 操作步骤

称取风干土样（1mm）5.00g，放在已铺好滤纸的漏斗内，用 $1mol \cdot L^{-1}$ KCl 溶液少量多次地淋洗土壤样品，滤液承接在 250mL 容量瓶中，每次加入 KCl 溶液必须待漏中的滤液干后再进行。淋滤液近刻度时用 KCl 溶液定容。

吸取滤液 100mL 于 250mL 三角瓶中，煮沸 5 分钟以除去 CO_2，加酚酞指示剂 2～3 滴，趁热用 $0.02mol \cdot L^{-1}$ NaOH 标准液滴定至粉红色即为终点，记录 NaOH 溶液的用量（V_1），据此计算交换性酸总量。

另取一份 100mL 滤液于 250mL 三角瓶中，煮沸 5 分钟，趁热加入过量的 3.5%NaF 溶液约 1mL，冷却后以酚酞作指示剂，用 $0.02mol \cdot L^{-1}$ NaOH 标准液滴定到微红色，记录 NaOH 用量（V_2），据此计算交换性 H^+ 量。

4. 结果计算

（1）土壤交换性酸总量（$cmol \cdot kg^{-1}$）$= \dfrac{c \times V_1 \times t_s}{m} \times 100$

（2）土壤交换性 H^+（$cmol \cdot kg^{-1}$）$= \dfrac{c \times V_2 \times t_s}{m} \times 100$

（3）土壤交换性 Al^{3+}（$cmol \cdot kg^{-1}$）＝交换性酸总量－交换性 H^+

式中：c——NaOH 标准溶液的浓度（$mol \cdot L^{-1}$）；

t_s——分取倍数；

m——样品质量（g）。

(二）土壤水解酸的测定（$1mol \cdot L^{-1} CH_3COONa$ 水解-中和滴定法）

1. 方法原理

用 $1mol \cdot L^{-1} CH_3COONa$（pH8.3）淋洗土壤，不仅能交换出土壤交换性 H^+、Al^{3+}，而且由于 CH_3COONa 水解产生 NaOH 的 Na^+，能取代出有机质中较难取代的某些官能团上的 H^+，即可水解成酸。

2. 试剂配制

(1) $10g \cdot L^{-1}$ 酚酞指示剂　称取 1g 酚酞溶解于 100mL 酒精溶液中。

(2) $1mol \cdot L^{-1}$ 醋酸钠溶液　称取化学纯醋酸钠（$CH_3COONa \cdot 3H_2O$）136.06g，加水溶解后定容 1000mL，用 $1mol \cdot L^{-1}$ NaOH 或 10%醋酸溶液调节至 pH8.3。

(3) $0.02mol \cdot L^{-1}$ NaOH 标准液。称取 0.80g 分析纯氢氧化钠，用无 CO_2 的水定容至 1L，摇匀过夜。用邻苯二钾酸氢钾标定。

3. 操作步骤

称取 1mm 风干土样 5.0g，放在预先铺好滤纸的漏斗中，用 $1mol \cdot L^{-1}$ CH_3COONa溶液少量多次地淋洗土壤样品，淋滤液承接于 250mL 容量瓶中，淋洗至近刻度时，用 $1mol \cdot L^{-1} CH_3COONa$ 定容，摇匀。

吸取滤液 100mL 放在 250mL 三角瓶中，加酚酞指示剂 2～3 滴，用 $0.02mol \cdot L^{-1}$ NaOH 标液滴定至粉红色，记录 NaOH 标液的用量（V）。

4. 结果计算

$$\text{水解性酸度}（cmol \cdot kg^{-1}）=\frac{c \times V \times t_s}{m} \times 100$$

式中：c——NaOH 标液的摩尔浓度（$mol \cdot L^{-1}$）；

t_s——分取倍数；

m——样品质量（g）。

5. 注意事项

(1) 滴定时滤液不能加热，否则 CH_3COONa 强烈分解，醋酸蒸发呈强碱性，造成很大误差。

(2) 如果已有土壤阳离子交换量和交换性盐基总量的数据，水解性酸度可以计算求得：

水解性酸度＝阳离子交换量—交换性盐基总量

这样计算得出的水解性酸度比单独测定的水解性酸度更准确。

思考题

1. 比色法和电位法测土壤 pH 的原理如何?
2. 活性酸、水解性酸和交换性酸的关系怎样?

实验四　土壤有机质含量的测定

（重铬酸钾容量法-外加热法）

土壤有机质既是植物矿质营养和有机营养的源泉，又是土壤中异养型微生物的能源物质，是形成土壤结构的重要因素，是鉴别土壤肥力的重要标志，是肥力形成的实质。因此，土壤有机质直接影响着土壤的理化性状，其含量是土壤肥力高低的重要指标之一。

测定土壤有机质，最早用的是干烧法，此法操作技术要求比较严格，费时间，且再现性差，因此一般不做例行分析用。重铬酸钾-硫酸氧化法，操作简便，设备简单，快速，再现性较好，故目前被广泛采用。

一、方法原理

在加热条件下，用一定量的标准重铬酸钾-硫酸溶液，以氧化土壤中的有机质，剩余的重铬酸钾以邻啡啰啉（即 1，10 -啡啰啉）或 2 -羧基代二苯胺做指示剂，用标准硫酸亚铁溶液进行滴定，由消耗的重铬酸钾量计算的有机碳含量，再乘以常数 1.724，即为土壤有机质量。其反应式如下：

$$2K_2Cr_2O_7+3C+8H_2SO_4 = 2K_2SO_4+2Cr_2(SO_4)_3+3CO_2+8H_2O$$

$$K_2Cr_2O_7+6FeSO_4+7H_2SO_4 = K_2SO_4+Cr_2(SO_4)_3+3Fe_2(SO_4)_3+7H_2O$$

邻啡啰啉指示剂变色的氧化还原状态：

$$[Fe(C_{12}H_8N_2)_3]^{3+} \longrightarrow [Fe(C_{12}H_8N_2)_3]^{2+}$$

氧化态（淡蓝色）　　还原态（棕红色）

二、仪器药品

（一）仪器

天平（1/10000）、三角瓶（250mL）、滴定管（50mL）、小漏斗（3cm）、硬质试管（20mm×180mm）、铁丝笼、油浴锅（可用铝锅代用）、洗瓶、温度计（0℃～300℃）。

（二）试剂配制

1. 0.8000mol · L^{-1}（$1/6K_2Cr_2O_7$）标准溶液：称取经 130℃烘干的重铬酸

钾（$K_2Cr_2O_7$，分析纯）39.2245g溶于水中，定容于1000mL容量瓶中。因重铬酸钾为一级保证试剂，不必另行标定。

2. H_2SO_4：分析纯，比重1.84。

3. 0.2mol·L^{-1} $FeSO_4$溶液：称取化学纯硫酸亚铁（$FeSO_4 \cdot 7H_2O$）55.6g，溶于含有20mL浓硫酸的300mL水中，加水稀释至1000mL。

4. 邻啡啰啉（$C_{12}H_8N_2 \cdot H_2O$）指示剂：称取化学纯硫酸亚铁0.695g和分析纯邻啡啰啉1.485g，溶于100mL水中，有时试剂与硫酸亚铁形成红棕色络合物，即$[Fe(C_{12}H_8N_2)_3]^{2+}$。本指示剂应放在棕色瓶中加塞保存，与空气接触时间较长后可能失效。

5. 小石蜡（固体或液体）或植物油2～2.5kg，也可用磷酸（化学纯）代用。

三、操作步骤

1. 称样　准确称取通过60号筛孔的风干土样0.1～0.5g（精确到0.0001g），放入干燥的硬质试管中，注意土样勿沾在试管壁上。

2. 氧化　用移液管或滴定管准确加入0.8000mol·L^{-1}的重铬酸钾（1/6 $K_2Cr_2O_7$）溶液5mL，（如果土壤中含有氯化物需先加Ag_2SO_4 0.1g），再加入浓硫酸5mL，充分摇匀，将试管插在带网孔的铁丝笼中，管口放一小漏斗（以冷凝蒸出水汽，减少蒸发），以备消煮。

3. 加热消煮　预先将植物油浴锅加热至185℃～190℃，将铁丝笼放入油浴锅中加热，此时用300℃温度计控制在170℃～180℃，要注意严格控制这个温度范围。从试管内液体开始翻动起计时，准确掌握沸腾5分钟，沸腾时间力求准确，否则分析结果会有较大误差。加热后立即把铁丝笼提起，稍停，使油沿管壁流下。然后放在托盘上，将试管取下，用废旧纸擦去表面油质，放凉。

4. 滴定　用倾泻法将试管中的消煮液小心地全部洗入250mL三角瓶中，并使瓶内总体积在60～80mL，然后加入邻啡啰啉指示剂3～5滴，用0.2mol·L^{-1} $FeSO_4$溶液滴定，溶液颜色由橙黄经过蓝绿色突变到棕红色即为终点。记录$FeSO_4$用量。

若用二苯胺为指示剂时，则加入12～15滴，再用0.2mol·L^{-1} $FeSO_4$溶液滴定。溶液颜色由棕红经过紫色突变到绿色即为终点。记录$FeSO_4$的用量（V）。

5. 空白试验　在测定样品的同时应做空白试验，求出滴定5mL 0.8mol·L^{-1}重铬酸钾（1/6$K_2Cr_2O_7$）溶液和5mL硫酸溶液所需0.2mol·L^{-1} $FeSO_4$的用量。做法完全和以上测有机质相同，只是用石英砂或灼烧土代替土样，记录$FeSO_4$的用量。

四、结果计算

$$土壤有机碳（g·kg^{-1}）=\frac{\frac{c\times 5}{V_0}\times (V_0-V)\times 10^{-3}\times 3.0\times 1.1}{m\times k}\times 1000$$

$$土壤有机质（g·kg^{-1}）=土壤有机碳（g·kg^{-1}）\times 1.724$$

式中：c——0.8000mol·L^{-1}（$1/6K_2Cr_2O_7$）标准溶液浓度；

5——重铬酸钾标准溶液加入的体积（mL）；

V_0——空白滴定用去硫酸亚铁体积（mL）；

V——样品滴定用去硫酸亚铁体积（mL）；

10^{-3}——将毫升换算为升；

3.0——1/4 碳原子的摩尔质量（g·kg^{-1}）；

m——风干土样质量（g）；

k——将风干土换算成烘干土的系数；

1.1——氧化校正系数（由于本法仅能氧化土壤有机质的 90%，折合有机质需乘以 1.1）；

1.724——有机碳占有机质全部的 58%，将有机碳换算为有机质需乘以 1.724。

注：我国第二次土壤普查有机质含量分级，见表 4-1。

表 4-1　我国第二次土壤普查有机质含量分级

级　　别	一级	二级	三级	四级	五级	六级
有机质（g·kg^{-1}）	>40	30～40	20～30	10～20	6～10	<6

五、注意事项

1. 本法应根据有机质含量来决定称样量。有机质含量在 50g·kg^{-1}的土样可称 0.1g，20～30g·kg^{-1}者可称 0.3g，少于 20g·kg^{-1}者可称 0.5g 以上，由于称样量少，称样时应用减重法以减少称样误差。

2. 对含有氯化物的样品，可加少量硫酸银除去其影响。对石灰性土样，必须慢慢加入浓硫酸，以防止由于碳酸钙的分解而引起剧烈发泡。对水稻土与一些长期渍水的土壤，必须预先磨细摊成薄层，风干 10 天左右，使还原物质充分氧化后再测定。

3. 油浴锅预热温度时，当气温很低时应高一些（约 200℃）。铁丝笼应该有脚，使试管不与油浴锅底部接触。

4. 必须在试管内溶液表面开始沸腾才开始计算时间。掌握沸腾的标准尽量一致，然后继续消煮 5min，消煮时间对分析结果有较大的影响，故应尽量计时准确。

5. 消煮好的溶液颜色，一般应是黄色或黄中稍带绿色，如果以绿色为主，则说明重铬酸钾用量不足。在滴定时消耗硫酸亚铁量小于空白用量的 1/3 时，有氧化不完全的可能，应弃去重做。

思考题

1. 在哪些情况下消煮液的颜色为绿色？此时该采取哪些措施？
2. 消化时间和温度对测定结果有无影响？为什么？
3. 滴定终点时要求 H_2SO_4 的浓度是多少？

实验五　土壤有效氮的测定

（碱解扩散法）

土壤有效氮包括无机的矿物态氮和部分易分解的、比较简单的有机态氮，即铵态氮、硝态氮、氨基酸、酰胺和易水解的蛋白质氮的总和，通常也称之为水解性氮。实践证明，水解性氮测定结果与作物氮素的吸收量具有一定的相关性。一般认为用碱解扩散法测定土壤水解性氮较为理想，它不仅能测出土壤中氮的供应强度，也能反映氮的供应容量和释放效率，对于了解土壤肥力状况，指导合理施肥具有一定实际意义。

一、方法原理

在密封的扩散皿中，用氢氧化钠溶液水解土壤样品，在恒温条件下，硝态氮经硫酸亚铁还原成铵态氮，铵态氮和易水解的有机态氮碱解转化为氨。扩散逸出的氨由硼酸吸收，再用标准酸滴定，即可计算出水解氮的含量。

二、主要仪器设备

扩散皿（11cm）、半微量滴定管（5mL）、分析天平（1/100）、恒温箱、一般玻璃器皿。

三、试剂配制

（1）1.0mol·L^{-1} NaOH 溶液：称取氢氧化钠（化学纯）40g，用蒸馏水溶解冷却定容至 1L。

（2）甲基红-溴甲酚绿混合指示剂：0.5g 溴甲酚绿和 0.1g 甲基红溶于 100mL 乙醇中。

（3）20g·L^{-1}硼酸-指示剂溶液：称 20g 硼酸（化学纯）溶于 1L 蒸馏水中，每升 H_3BO_3溶液中加入甲基红-溴甲酚绿混合指示剂 20mL 混匀，并用稀酸或稀碱调节至紫红色（pH 约为 5），加水稀释至 1L 混匀备用。宜现配。

（4）0.1mol·L^{-1} HCl 溶液：量取 HCl（比重 1.19）8.3mL，加蒸馏水 200mL 搅匀，冷却后用馏水定容至 1L。

（5）0.01mol·L^{-1} HCl 标准溶液：吸取 0.1mol·L^{-1} HCl 溶液 100mL，用

蒸馏水定容至1000mL，并用分析纯硼砂标定之。

（6）碱性胶液：取40g阿拉伯胶和50mL水于烧杯中，温热至70℃～80℃搅拌促溶，放置冷约1小时，加入甘油20mL和饱和碳酸钾水溶液20mL，搅匀冷却，离心除去泡沫及不溶物，将清液贮于玻璃瓶中备用。

四、操作步骤

称取通过1mm筛的风干土样2.00g，均匀铺在扩散皿外室。加入2mL硼酸-指示剂溶液于扩散皿内室。在扩散皿外室边缘涂上碱性胶液，盖上毛玻璃并旋转几次，使盖片与扩散皿外室边缘完全黏合密闭；再慢慢转开盖片的一边使扩散皿外室露出一条狭缝，迅速加入10mL 1.0mol·L^{-1} NaOH溶液于扩散皿的外室中，立即用盖片盖严。水平旋转扩散皿，使溶液与土样充分混匀，用橡皮筋固定后放入40℃±1℃的恒温箱中，碱解扩散24小时后取出（可以观察到内室应为蓝色），用半微量滴定管以0.01mol·L^{-1} HCl标准溶液滴定内室硼酸所吸收的氨量，滴定终点为微红色。同时做空白实验。

五、结果计算

$$\text{碱解氮（N）含量（mg·kg}^{-1}\text{）}=\frac{c\ (V-V_0)\ \times 14.0}{m}\times 10^3$$

式中：c——HCl标准溶液的摩尔浓度（mol·L^{-1}）；

V——样品滴定用去HCl标准溶液的体积（mL）；

V_0——空白滴定用去HCl标准溶液的体积（mL）；

14.0——氮原子的摩尔质量（g·mol^{-1}）；

m——样品质重（g）；

10^3——将毫升换算成升。

本实验二次平行测定结果之间允许绝对相差5mg·kg^{-1}。

注：土壤速效氮的诊断指标见表5-1。

表5-1 土壤速效氮的诊断指标（碱解扩散法）

土壤水解性氮（mg·kg^{-1}）	等 级
＜40	极低
40～80	低
80～150	中等
＞150	高

六、注意事项

（1）由于胶液的碱性很强，在涂胶液和洗涤扩散皿时，必须特别细心，慎防污染内室，造成错误。

（2）滴定时要用小玻璃棒小心搅动吸收液，切不可摇动扩散皿。

思考题

1. 碱解扩散法测定水解性氮的基本原理是什么？
2. 碱解性氮包括那几种形态的氮？为什么要测定它？

实验六　土壤有效磷的测定

（0.5mol·L^{-1}碳酸氢钠浸提-钼锑抗比色法）

土壤有效磷是指土壤中在短期内能为当季作物所吸收利用的那一部分磷，了解土壤有效磷供应状况，对合理施肥有直接的指导意义。土壤有效磷的测定方法有生物法、化学速测法、同位素稀释法、阴离子交换树脂法等。化学速测法由于操作简单，测定结果与作物吸收的磷量有一定的相关性而被普遍采用。

一、方法原理

本实验选用0.5mol·L^{-1} $NaHCO_3$法。由于碳酸根的同离子效应，碳酸盐的碱溶液降低碳酸钙的溶解度，也就降低了溶液中钙的浓度，这样就有利于磷酸钙盐的提取。同时由于碳酸盐的碱溶液，也降低了铝和铁离子的活性，有利于磷酸铝和磷酸铁的提取。此外，碳酸氢钠碱溶液中存在着 OH^-、HCO^{3-}、CO^{2-} 等阴离子，有利于吸附态磷的置换，因此0.5mol·L^{-1} $NaHCO_3$不仅适用于石灰性土壤，也适用于中性和酸性土壤中有效磷的提取。

提取后的磷酸根与钼锑抗试剂作用，在一定酸度和三价锑离子存在下，与钼酸铵形成锑磷钼混合杂多酸。锑磷钼混合杂多酸在常温下被抗坏血酸还原为磷钼蓝。溶液中磷钼蓝的蓝色深度与磷的浓度在一定浓度范围内（0.04～0.6mg·kg^{-1}）服从比耳定律。

二、主要仪器设备

分析天平、分光光度计、往复式振荡机、容量瓶、三角瓶及一般玻璃器皿。

三、试剂配制

（1）0.5mol·L^{-1} $NaHCO_3$浸提剂：称取42.0g $NaHCO_3$（化学纯）溶于800mL蒸馏水中，用0.5mol·L^{-1} NaOH溶液调节至pH8.5（用pH计测定），最后稀释至1L，保存于塑料瓶中。此溶液曝于空气中可因失去CO_2而使pH增高，如保存期超过一个月，使用前应重新校正浸提剂pH。

（2）无磷活性炭粉：为了除去活性炭粉中的磷，先用2mol·L^{-1} HCl溶液浸泡活性炭粉过夜，在平板瓷漏斗上抽气过滤。用蒸馏水洗多次后，再用 0.5mol·L^{-1} $NaHCO_3$溶液浸泡过夜，在平板瓷漏斗上抽气过滤，用蒸馏水洗尽 $NaHCO_3$，最后检查至无磷为止，烘干备用。如含磷较少，可直接用 $NaHCO_3$溶液处理。

(3) 3.75mol·L^{-1}硫酸钼锑贮存液：

A 液：5g·L^{-1}酒石酸氧锑钾。称取酒石酸氧锑钾 0.5g，溶解于 100mL 水中。

B 液：钼酸铵-硫酸溶液。称取钼酸铵 10g，溶于 450mL 水中，缓慢地加入 153mL 浓硫酸（化学纯），边加边搅拌，放置冷却。

将上述 A 溶液缓缓加入 B 溶液中，边加边搅拌，用蒸馏水稀释至 1L，摇匀，贮于棕色瓶中，此为硫酸钼锑贮存液。

(4) 钼锑抗混合显色剂：临用前称取 1.5g 左旋抗坏血酸（即维生素 C）溶于 100mL 硫酸钼锑贮存液中混匀，贮存于棕色瓶中。此试剂有效期 24 小时。

(5) 磷标准溶液：称取 0.4390g KH_2PO_4（分析纯，经 105℃烘干 2 小时）溶于 200mL 蒸馏水中，加入 5mL 浓硫酸，转入 1L 容量瓶中用蒸馏水定容。此溶液为 100μg·mL^{-1}P 标准溶液，可较长期保存。

取此液 25mL 稀释至 500mL，即为 5μg·mL^{-1}P 标准溶液，该溶液不能长期保存。

四、操作步骤

称取通过 1mm 筛孔的风干土样 2.50g，置于 150～250mL 三角瓶中，准确加入 0.5mol·$L^{-1}$$NaHCO_3$浸提剂 50mL，再加一小勺（约 0.3～0.5g）无磷活性炭，用橡皮塞塞紧瓶口，在 20℃～25℃下振荡 30 分钟（往复式振荡机，速率每分钟 150～180 次），然后过滤于小烧杯中（或三角瓶中）。同时做空白实验。

吸取滤液 10mL（含磷量高时吸取 1.0～5.0mL，补加 0.5mol·L^{-1} $NaHCO_3$浸提剂至 10mL）于 50mL 容量瓶中，加蒸馏水约 30mL，准确加入钼锑抗混合显色剂 5mL，摇动赶出气泡后用蒸馏水定容，摇匀。在室温高于 15℃的条件下放置 30 分钟后，在分光光度计上用 660nm 或 700nm 波长比色，以空白实验做参比，测定待测液的吸收值（A）。

标准曲线的绘制：分别准确吸 5μg·mL^{-1}磷标准溶液 0、1.0、2.0、3.0、4.0、5.0mL 于 50mL 容量瓶中，再加入 0.5mol·L^{-1} $NaHCO_3$ 10mL，加蒸馏水总体积约 30mL，摇匀，最后加入钼锑抗混合显色剂 5mL，摇匀定容。此系列溶液磷的浓度分别为 0、0.1、0.2、0.3、0.4、0.5μg·mL^{-1}P。比色测定后，以溶液浓度作横坐标，以吸收值读数作纵坐标，绘成标准曲线。

用样品比色测得的吸收值从标准曲线上查出磷的浓度，然后计算出土壤有效

磷的含量。

五、结果计算

$$土壤有效磷（P）含量（mg \cdot kg^{-1}）=\frac{c \times V \times t_s}{m \times 10^3 \times k} \times 1000$$

式中：c——从标准曲线上查得磷的质量浓度（$\mu g \cdot mL^{-1}$）；

V——显色时定容体积（mL）；

t_s——分取倍数（即浸提液总体积与显色对吸取浸提液体积之比）；

m——风干土质量（g）；

k——将风干土换算成烘干土质量的系数；

10^3——将 μg 换算成 mg；

1000——换算成每 kg 含 P 量。

注：土壤速效磷的诊断指标，见表 6－1。

表 6－1　土壤速效磷的诊断指标（0.5mol・L^{-1} $NaHCO_3$ 法）

土壤速效磷（mg・kg^{-1}）	等　级
＜10	低
10～20	中
＞20	高

思考题

1. 用 0.5mol・L^{-1} $NaHCO_3$ 浸提样品时，浸提液会出现什么颜色？这说明什么？怎样脱色？

2. 时间、温度、pH 对比色法测速效磷有什么影响？怎样控制？

实验七　土壤速效钾的测定

（1mol · L^{-1}中性醋酸铵浸提-火焰光度法）

一、实验目的及意义

土壤中的钾主要以无机形态存在，按其对作物的有效程度分矿物态钾、缓效钾和速效钾。速效钾包括水溶性钾和交换性钾，能很快被作物吸收利用。测定土壤中速效钾的含量，对于了解土壤钾素肥力状况，指导合理施肥具有重要的意义。

二、方法原理

用 1mol · L^{-1}中性醋酸铵浸提土壤，土壤胶体表面的钾离子与铵离子交换进入溶液中，水溶性钾离子也进入溶液中，然后直接用火焰光度计测定提取液中钾的含量。

$$\overset{K^{+}}{\underset{Ca^{2+}}{\boxed{\text{土壤胶体}}}}\begin{smallmatrix}H^{+}\\Mg^{2}\end{smallmatrix} + nNH_4OAc \longrightarrow \overset{NH_4^{+}}{\underset{NH_4^{+}}{\boxed{\text{土壤胶体}}}}\begin{smallmatrix}NH_4^{+}\\NH_4^{+}\end{smallmatrix} + (n-6)\ NH_4OAc$$

$$+HOAc+Ca\ (OAc)_2+Mg\ (OAc)_2+KOAc$$

为了抵消醋酸铵溶液的影响，标准钾溶液也需用 1mol · L^{-1}中性醋酸铵溶液配制。此法干扰离子少，操作简便，是目前较快速准确的测钾的方法之一。

三、主要仪器设备

分析天平（1/100）、振荡机、火焰光度计、容量瓶（50mL）、三角瓶（100mL）及一般玻璃器皿。

四、试剂配制

1. 1mol · L^{-1}中性醋酸铵溶液：称取 NH_4OAc（化学纯）77.09g 溶解于蒸馏水中，定容至近 1L，用稀 HOAc 或 1∶1 NH_4OH 调至 pH7.0，然后定容至 1L。具体调节方法如下：取出 50mL 初配的醋酸铵溶液，用溴百里酚蓝作指示剂，以 1∶1 NH_4OH 或 HOAc 调节至溶液呈绿色即为 pH7.0（也可以在酸度计上调节）。根据 50mL 所用的氢氧化铵或醋酸的毫升数，算出所配溶液氢氧化铵或醋酸的需要量，加入后再调至 pH7.0。

2. K 标准溶液：称取 KCl（分析纯，经 110℃烘干 2 小时）0.1907g 溶于 $1mol \cdot L^{-1}$ 中性醋酸铵溶液中，并定容至 1L，摇匀，即为含 $100\mu g \cdot mL^{-1}$ K 的醋酸铵溶液。分别吸取 $100\mu g \cdot mL^{-1}$ K 的醋酸铵溶液 0、5、10、15、20、30、40mL 于 100m 容量瓶中，用 $1mol \cdot L^{-1}$ 中性醋酸铵溶液定容，即为 0、5、10、15、20、30、$40\mu g \cdot mL^{-1}$ K 的标准系列溶液。

（五）操作步骤

称取通过 1mm 筛孔的风干土壤样品 5.00g 于 100mL 三角瓶中，加入 $1mol \cdot L^{-1}$ 中性醋酸铵溶液 50.0mL，塞紧橡皮塞，在振荡机上振荡 30 分钟后，然后过滤于三角瓶中。滤液同钾标准系列溶液一起直接用火焰光度计测定。记录仪器上的读数（检流计读数）。

钾标准曲线的绘制：将配制的钾标准系列溶液，以浓度最大的一个定到火焰光度计上检流计为满度（100），然后从稀到浓依序进行测定，记录检流计的读数。以检流计读数为纵坐标，钾（K）浓度 $\mu g \cdot mL^{-1}$ 为横坐标，绘制标准曲线。

由样品的检流计读数，在标准曲线上查出样品滤液钾的浓度，即可计算出土壤中速效钾的含量。

六、结果计算

$$\text{土壤速效钾}（mg \cdot kg^{-1}，K）= c（\mu g \cdot mL^{-1} \cdot K）\times \frac{V}{m \times k}$$

式中：c——从标准曲线上查得的钾浓度（$\mu g \cdot mL^{-1}$）；

V——待测液体积（mL）；

m——风干土样重（g）；

k——将风干土换算成烘干土质量的系数。

注：土壤速效钾的诊断指标见表 7-1。

表 7-1 土壤速效钾的诊断指标（$1mol \cdot L^{-1}$ 中性醋酸铵浸提）

土壤速效钾（$mg \cdot kg^{-1}$，K）	<50	50～100	100～150	>150
等 级	极低	低	中	高

思考题

1. 用 1mol·L^{-1} 中性醋酸铵浸提-火焰光度法测定土壤速效钾的基本原理是什么？

2. 本方法测定出的是那种形态的钾？测定它对指导合理施肥有什么重要意义？

实验八　过磷酸钙中有效磷的测定

（钒钼黄比色法）

一、实验目的

过磷酸钙中能被作物吸收利用的不仅是水溶性磷，同时也包括弱酸溶性磷，二者统称为有效磷，有效磷的含量是衡量过磷酸钙品质的指标。所以为了鉴定过磷酸钙的品质，计算过磷酸钙的施用量，必须测定有效磷的含量。

二、方法原理

用2%柠檬酸溶液一次浸提过磷酸钙中的有效磷（其中包括 $Ca(H_2PO_4)_2$、$CaHPO_4$和游离 H_3PO_4），浸出液中的正磷酸盐与钒钼酸铵在酸性条件下形成黄色三元杂多酸（$P_2O_5 \cdot V_2O_5 \cdot 22MoO_3 \cdot nH_2O$）。黄色的深度与溶液中磷的含量成正比，可以在 400～490nm 波长处进行比色。

此法显色稳定，可在室温下进行，在 HNO_3、HCl、$HClO_4$和 H_2SO_4等介质中都适用，常见离子干扰少，灵敏度较低，适测范围广（约为 1～20$\mu g \cdot g^{-1}$P）。本法适用于含磷量较高而且变幅较大的磷肥和植物等样品。

三、主要仪器

分析天平（1/1000）、分光光度计、振荡器、三角瓶（250mL）、容量瓶（50mL）。

四、试剂配制

1. 钒钼酸铵溶液

A 液：25g $(NH_4)_6Mo_7O_{24} \cdot 4H_2O$（分析纯）溶于 400mL 水中。

B 液：1.25g 偏钒酸铵 $(NH_4VO)_3$，（分析纯）溶于 300mL 沸水中，冷却后加 250mL 浓 HNO_3。

然后将 A 液缓缓倾入 B 液中，不断搅匀，并用水稀释至 1L。

2. 50$\mu g \cdot mL^{-1}$P 标准液

称取 0.2197g 经烘干的 KH_2PO_4（分析纯）溶于约 400mL 水中，加 3mol · L^{-1}

H_2SO_4 25mL，定容至1L。

3. 2%柠檬酸溶液

称取20g结晶柠檬酸（$H_3C_6H_5O_7H_2O$ 分析纯），溶于水中，稀释至1L。

五、操作步骤

1. 有效磷的浸提：称取混匀的普通过磷酸钙样品（1mm）1.000g，放入250mL三角瓶中，加入2%柠檬酸溶液100mL，加塞，在20℃～25℃下振荡30分钟，用干燥滤器和定性滤纸过滤于三角瓶中。

2. 浸出液中磷的测定：吸取清亮滤液1.00mL（含P 0.05～1mg），放入50mL容量瓶中，加水至约35mL，准确加入10mL钒钼酸铵溶液，然后加水定容。放置20分钟后，用分光光度计于400～490nm（见注意事项5）波长比色，同时做试剂空白试验，以空白溶液调节比色计吸收值零点。

3. 工作曲线的绘制：分别吸取50μg·mL^{-1} P标准溶液0、2.5、5、7.5、10、15、20mL，放入50mL容量瓶中，各加1mL 2%柠檬酸溶液，加水至35mL，准确加入10mL钒钼酸铵溶液，然后加水定容。放置20分钟后，用分光光度计比色。以空白溶液调节比色计吸收值零点，测定各瓶溶液的吸收值。标准系列溶液的终浓度为0、2.5、5.0、7.5、10、15、20μg·mL^{-1} P。以吸收值为纵坐标，磷浓度（μg·mL^{-1}）为横坐标，在普通坐标纸上绘制工作曲线。

六、结果计算

$$w_P = \frac{c \times V \times t_s}{m \times 10^6} \times 100\%$$

$$w_{P_2O_5} = w_P \times 2.29$$

式中：c——从工作曲线上查得待测液中磷浓度（μg·mL^{-1}P）；

V——显色液体积（mL）；

t_s——分取倍数，即浸出液体积与吸取浸出液体积之比；

10^6——将微克换算成克的倍数；

m——样品的质量（g）；

2.29——P含量转化为P_2O_5含量的系数。

七、注意事项

1. 在一般室温条件下，温度的影响不大，但是室温过低（＜15℃）时显色较慢，需要30分钟以上才显色完全，稳定时间可达24小时。

2. 此法要求比色液的酸浓度范围为 0.2～1.6mol・L^{-1}，最好是 0.5～1.0mol・L^{-1}，酸度太高，显色慢而不完全，甚至不显色，低于 0.2mol・L^{-1}则易产生沉淀物对比色有干扰。

3. 样品与浸提剂的比率、浸提的时间和温度等对有效磷的浸出量有很大的影响，为了相对地衡量肥料的品质，应在规定的条件下浸提。

4. 对于含磷量低的样品可酌量多取，但不能超过 5mL，因为柠檬酸浓度增加时，对磷的显色有抑制作用。

5. 根据比色液中磷的浓度，选择合适的波长进行比色：1～5μg・mL^{-1} P，选用 420nm；5～20μg・mL^{-1} P，选用 490nm；比色液中 Fe^{3+} 含量较高时，可选用 450nm，以消除铁的干扰。(工作曲线也应用同样的波长绘制。)

6. 过磷酸钙成品中有效磷的含量及其他成分的含量，按照国家标准 GB/T 20413—2017 规定，应符合表 8-1 的要求。

表 8-1　过磷酸钙的质量标准

项　　目	指　　标			
	特级品	一级品	二级品	三级品
有效磷（以 P_2O_5 计）(%) ≥	18.0	16	14.0	12.0
游离酸（以 P_2O_5 计）(%) ≤	5.5	5.5	5.5	5.5
游离水（%）≤	12.0	14.0	15.0	15.0

思考题

1. 用钒钼黄比色法测定过磷酸钙中有效磷的原理是什么？

2. 这种方法有什么优点？

实验九　灰（草木灰）肥中钾的测定

（火焰光度计法）

一、实验目的

草木灰是植物燃烧后剩余的残渣，是农村中常见的含钾肥料，一般含 K_2O 5%～10%，其中 90%以上钾盐是水溶性的；高温条件下烧得的草木灰中也有一些难溶性的硅酸钾的复盐。草木灰中的钾主要以 K_2CO_3、KCl 和 K_2SO_4 等形态存在，它们均能为作物吸收利用。测定草木灰中钾的含量对鉴定肥料的品质及计算施用量是很重要的。

二、方法原理

用酸浸提草木灰中的钾，稀释后即可直接用火焰光度计法测定。

待测液在火焰高温激发下，辐射出钾元素的特征光谱，通过钾滤光片，经光电池或光电管，把光能转换为电能，放大后用微电流表（检流计）指示其强度；从钾标准溶液浓度和检流计读数作的工作曲线，即可查出待测液的钾浓度，然后计算样品的钾含量。

三、主要仪器

火焰光度计、高型烧杯（100mL）、容量瓶（100mL）、分析天平。

四、试剂配制

1. 浓 HCl（化学纯）。

2. $100\mu g \cdot mL^{-1}$ K 标准溶液：称取 KCl（分析纯，经 110℃烘干 2 小时）0.1907g 溶解并定容至 1L，摇匀，即为含 $100\mu g \cdot mL^{-1}$ 的钾标准溶液。

五、操作步骤

1. 钾的浸提：称取草木灰样品 0.2500g 放在 100mL 高型烧杯中，加少量水使之湿润，盖上表面皿，小心地慢慢加入浓 HCl 5mL，慎防气泡飞溅；反应微弱后加水 15mL，煮沸 30 分钟，然后将溶液全部转入 250mL 容量瓶中，用水冲洗烧杯及表面皿，定容。过滤于三角瓶中。

2. 待测液中钾的测定：吸取待测液 10mL 于 100mL 容量瓶中，加水定容。直接在火焰光度计上测定，记录检流计读数，从工作曲线上查得待测液的 K 浓度（$\mu g \cdot mL^{-1}$）。

3. 工作曲线的绘制：吸取 $100\mu g \cdot mL^{-1}$ K 标准溶液 0、2、5、10、20、40、60mL 分别放入 100mL 容量瓶中，加入 $4mol \cdot L^{-1}$ HCl 5mL，用水定容至 100mL。此系列溶液分别为 0、2、5、10、20、40、$60\mu g \cdot mL^{-1}$ K 标准溶液。以浓度最大一个定到火焰光度计上检流计的满度（100 或 90），然后从稀到浓依序进行测定，记录检流计的读数。以检流计读数为纵坐标，K 浓度（$\mu g \cdot mL^{-1}$）为横坐标，绘制工作曲线。

六、结果计算

$$w_K = \frac{c \times V \times t_s}{m \times 10^6} \times 100\%$$

$$w_{K_2O} = w_K \times 1.205$$

式中：c——从工作曲线上查得待测液中 K 浓度（$\mu g \cdot mL^{-1}$）；

V——浸出液体积（250mL）；

t_s——稀释倍数；

m——样品的质量（g）；

10^6——由 μg 换算成 g 的倍数；

1.205——K 含量换算为 K_2O 含量的倍数。

思考题

1. 灰肥中钾的测定原理是什么？
2. 测定灰肥中钾的含量有什么意义？

实验十　化学肥料的定性鉴定

一、测定意义

为了切实做好化肥的合理贮存、保管和施用，避免不必要的损失，充分发挥肥效，必须要了解肥料的品种、成分及其理化性质。一般化肥出厂时在包装上都标明该肥料的成分、种类、名称和产地，但在运输和贮存过程中，常因包装不好或转换容器而混杂，因此必须进行定性鉴定加以区别保管和施用。

二、方法原理

各种化学肥料都具有其特殊的外表形态、物理性质和化学性质，因此，可以通过外表观察、加水溶解、在火上直接灼烧反应和化学分析检验等方法，鉴定出化肥的种类、成分和名称等。

三、试剂配制

1. 2.5%氯化钡溶液：将 2.5 克氯化钡（化学纯）溶解于蒸馏水中，然后稀释至 100 毫升，摇匀。

2. 1%硝酸银溶液：将 1.0 克的硝酸银（化学纯）溶解于蒸馏水中，然后稀释至 100 毫升，贮于棕色瓶中。

3. 钼酸铵-硝酸溶液：溶解 15 克钼酸铵于 100 毫升蒸馏水中，将此溶液缓缓倒入 100 毫升硝酸（比重 1.2）中，不断搅拌至白色钼沉淀溶解，放置 24 小时备用。

4. 20%亚硝酸钴钠溶液：将亚硝酸钴钠［$Na_2Co(NO_2)_6$］20 克溶解于蒸馏水中，稀释至 100 毫升。

5. 稀盐酸溶液：取浓盐酸溶液 42 毫升，加蒸馏水稀释至 500 毫升，配成约 $1mol \cdot L^{-1}$稀盐酸溶液。

6. 0.5%硫酸铜溶液：取 0.5 克硫酸铜溶于蒸馏水中，然后稀释至 100 毫升。

7. 10%氢氧化钠溶液：取 10 克氢氧化钠溶于蒸馏水中，冷却后稀释至 100

毫升。

四、操作步骤

1. 外表观察

首先可将氮、磷、钾肥料给以总的区别，如氮肥和钾肥绝大部分是结晶体，属于这类肥料有碳酸氢铵、硝酸铵、氯化铵、硫酸铵、磷酸铵、尿素、氯化钾、硫酸钾、钾镁肥等；而磷肥大都是非结晶体而呈粉末状，属于这类肥料有过磷酸钙、磷矿粉、钢渣磷肥、钙镁磷肥和石灰氮等。

2. 加水溶解

用外表观察还分辨不出它的品种，就可以用水溶解的方法来加以识别。准备一只烧杯或玻璃杯，内放约半杯蒸馏水或清洁的凉开水，然后取化肥样品一小匙，慢慢地倒入杯中，用玻璃棒充分搅动，静止一会后观察其溶解情况，以识别化肥的品种。

（1）全部溶解在水中的是硫酸铵、硝酸铵、氯化铵、尿素、硝酸钠、氯化钾、硫酸钾、磷酸铵、硝酸钾等。

（2）一部分溶解在水中的有过磷酸钙、重过磷酸钙和硝酸铵钙等。

（3）不溶解或绝大部分不溶解在水中的有钙镁磷肥、沉淀磷酸钙、钢渣磷肥、脱氟磷肥和磷矿粉等。

（4）绝大部分不溶解在水中，还发生气泡并闻到“电石味”，就是石灰氮。

3. 加碱性物质混合

取样品同石灰或其他碱性物质（如烧碱）混合，如闻到氨味，则可确定其为铵态氮肥或含铵态的复合肥料或混合料。

用上述几种方法能帮助我们区别几种化肥类型，要识别各种品种，还需用灼烧与化学检验做进一步的鉴定。

4. 灼烧检验

将肥料直接放入火中，观察其在明火中燃烧的反应来进一步识别它。具体方法是在一煤炉或火盆里烧旺木炭，把待测的化肥样品直接放在烧红的木炭上，观察其燃烧、熔化、烟色、烟味与残烬等情况。

（1）逐渐熔化并出现“沸腾”状。冒白烟，可闻到氨味，有残烬，是硫酸铵。

（2）迅速熔化时冒白烟，有氨味，是尿素。

（3）无变化但有爆裂声，没有氨味，是硫酸钾或氯化钾。

（4）不易熔化，但白烟甚浓，又闻到氨味和盐酸味，是氯化铵。

（5）边熔化边燃烧，冒白烟，有氨味，是硝酸铵。

（6）燃烧并出现黄色火焰是硝酸钠，燃烧出现带紫色火焰是硝酸钾。

5. 化学检验

取少量肥料样品，放在干净的试管中，将试管放在酒精灯上灼烧，观察识别：

（1）结晶在试管中逐渐熔化、分解，并能嗅到氨味，用湿的红色石蕊试纸试一下，变成蓝色，是硫酸铵。

（2）结晶在试管中不熔化，而固体像升华一样，在试管壁冷的部分生成白色薄膜，则是氯化钾。

（3）结晶在试管中能迅速熔化，沸腾，用湿的红色石蕊试纸在管口试一下，能变蓝色，继续加热，试纸又由蓝色变红色，则是硝酸铵。

（4）结晶在试管中加热后，立即熔化，能产生尿素味，并且很快挥发，在试管中留有残渣，则是尿素。

如果对有些肥料经上面几种方法鉴定尚不能肯定时，可用化学试剂做进一步的鉴定。

（5）取少量肥料放在试管中，加 5mL 水，待其完全溶解后，用滴管加入 5 滴 2.5%氯化钡溶液，产生白色沉淀（$SO_4^{2-}+Ba^{2+}=BaSO_4\downarrow$）；当加入稀盐酸时，沉淀不溶解，证明是含有硫酸根。

当用化学方法 1（见红色石蕊试纸变蓝色）鉴定出某未知肥料含有氨，又经此法确定该肥料中含有硫酸根，可以证明是硫酸铵。

当用灼烧检验方法 3，证明是钾肥；又经方法 5 检验确定该肥料中含有硫酸根时，可以证明是硫酸钾。

（6）取少量肥料放在试管中，加 5 毫升水，待其完全溶解后，用滴管加入 5 滴 1%硝酸银溶液，产生白色絮状沉淀（$Cl^-+Ag^+=AgCl\downarrow$）证明有氯根。

当用化学方法 1（见红色石蕊试纸变蓝色）鉴定肥料中含有氨，又经此法确定该肥料中含有氯根，可证明是氯化铵。

肥料经检定证明是钾肥，又经此法确定该肥料中含有氯根，可以证明是氯化钾。

（7）取极少量肥料，放在试管中，加 5 毫升水使其溶解，如溶液混浊，则需过滤，取清液鉴定。于滤液中加入 2 毫升钼酸铵-硝酸溶液，摇匀后，如出现黄色沉淀，证明是水溶性磷肥。

（8）取少量肥料（加碱性物质不产生氨味的样品），放在试管中，加水使其完全溶解，滴加 3 滴 20%亚硝酸钴钠溶液，用玻璃棒搅匀，产生黄色沉淀，证明是含钾的化肥。

反应式如下：

$$2K^{+}+Na_3Co(NO_2)_6 \longrightarrow K_2NaCo(NO_2)_6\downarrow+2Na^{+}$$

(9) 取肥料样品约 1 克，放在试管中，在酒精灯上加热熔化，稍冷却，加入蒸馏水 2 毫升及 10％氢氧化钠溶液 5 滴溶解后，再加 0.5％硫酸铜溶液 3 滴，如出现紫色，证明是尿素。

(10) 常用复合肥料品种鉴定：复合肥料制作原料来源复杂，增加了鉴定的难度，但同样可参照以上氮、磷、钾化肥的鉴定原理进行鉴定，区别出不同的复合肥料品种和制作原料。

五、实验结果

1. 对各个已知肥料样品按表 10－1 中项目逐个地记录、观察，将结果列入表中。

表 10－1 已知肥料定性鉴定表

测定项目 / 化肥品种	颜色	形状	吸湿性	水溶性	酸碱性	加碱反应	铁片灼烧现象					化学反应			
							气味	火焰	燃烧	熔融	烟	加 $BaCl_2$	加 $AgNO_3$	加 HCl	加 HNO_3
硫酸铵															
氯化铵															
碳酸氢铵															
…															
…															
…															
…															

2. 每组取 2～3 个未知化肥样品按下页流程图（图 10－1）——化学肥料的系统鉴定方法，加以定性鉴定，并将结果填入表 10－2 中。

表 10－2 未知肥料鉴定结果

未知样品号	鉴定步骤及依据	未知肥料名称

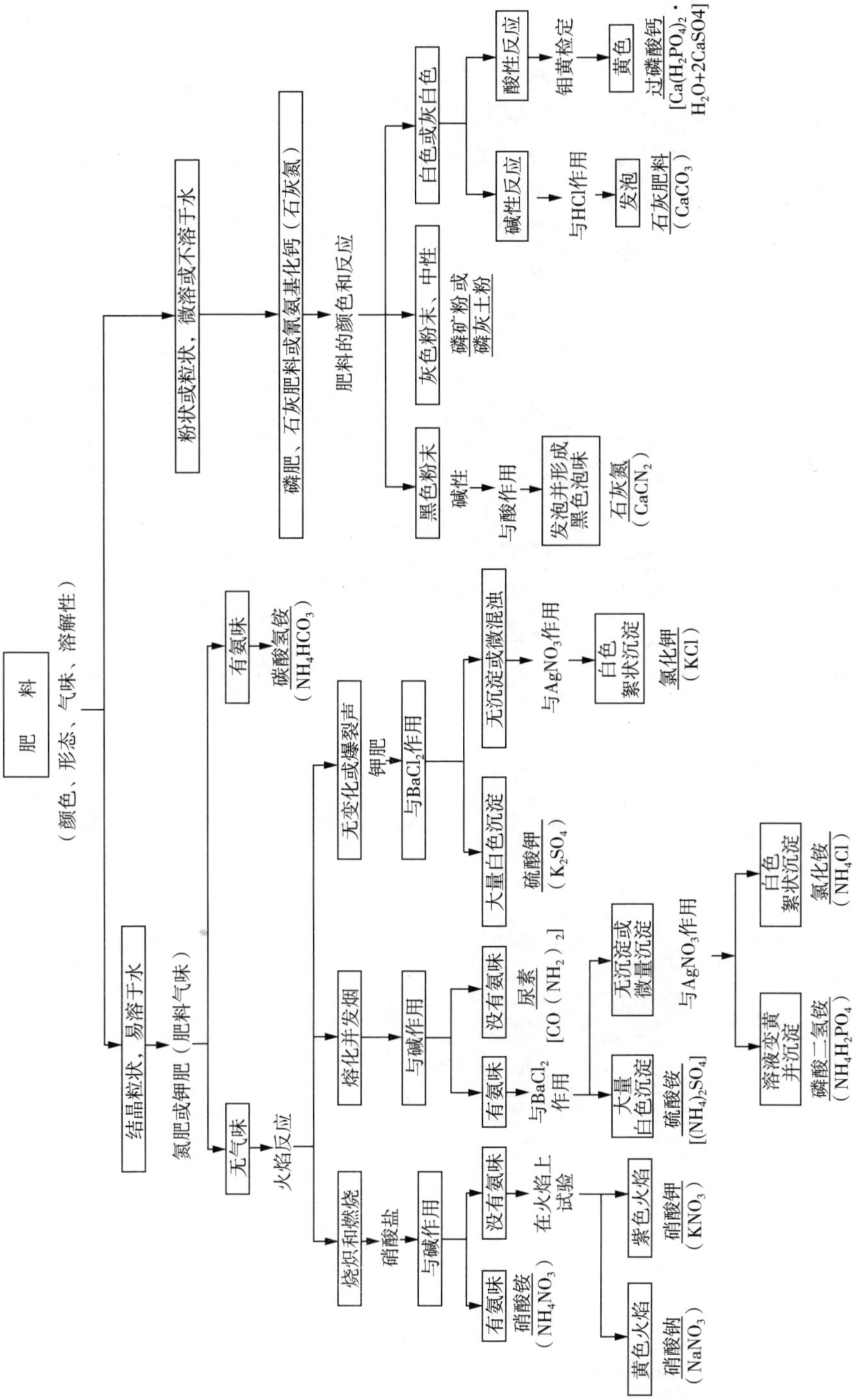

图10-1　化学肥料系统鉴定方法

思考题

1. 怎样用物理方法区分氮、磷、钾化肥?

2. 写出硫酸铵和尿素的简易鉴别过程。

3. 写出水溶性磷肥和弱酸溶性磷肥的简易鉴别过程。

4. 根据单质化学肥料鉴定原理，采用什么方法可以将尿素钙镁磷肥系和氯化铵普钙系的复合肥料鉴别出来?

图书在版编目(CIP)数据

土壤肥料学实验指导书/邹长明等主编.—合肥:合肥工业大学出版社,2019.1
ISBN 978-7-5650-4385-7

Ⅰ.①土… Ⅱ.①邹… Ⅲ.①土壤肥力—实验—高等学校—教学参考资料
Ⅳ.①S158-33

中国版本图书馆 CIP 数据核字(2018)第 303015 号

土壤肥料学实验指导书

邹长明 李孝良 陈世勇 段立珍 赵建荣 主编

责任编辑	张择瑞
出版发行	合肥工业大学出版社
地　　址	(230009)合肥市屯溪路 193 号
网　　址	www.hfutpress.com.cn
电　　话	理工编辑部:0551-62903204 市场营销部:0551-62903198
开　　本	710 毫米×1010 毫米 1/16
印　　张	3
字　　数	52 千字
版　　次	2019 年 1 月第 1 版
印　　次	2019 年 1 月第 1 次印刷
印　　刷	合肥现代印务有限公司
书　　号	ISBN 978-7-5650-4385-7
定　　价	10.00 元